Guida alla Coltivazione del Gelsmino

Impara cosa fare bene per coltivare incantevoli Gelsomini

A. Duller

I0478145

Lisa Shardon

Guida alla Coltivazione del Gelsomino

Introduzione

Il gelsomino è una pianta di grande bellezza e profumo, appartenente alla famiglia delle Oleacee. Le sue infiorescenze, tipicamente bianche o gialle, sono rinomate per la loro fragranza intensa e dolce, che ha conquistato il cuore di poeti e sognatori nel corso della storia. Una delle sue peculiarità più interessanti è la varietà chiamata "gelsomino invernale", che offre caratteristiche uniche rispetto ad altre specie della stessa famiglia.

Storia e Origini

Il gelsomino ha origini antiche e il suo nome deriva dall'arabo "yasmin", che significa "maestoso". Le prime tracce di coltivazione del gelsomino risalgono a più di 5.000 anni fa, nell'area mediterranea e in Asia. Viene tradizionalmente considerato un simbolo di amore e bellezza, ed è frequentemente menzionato nella letteratura romantica. Il gelsomino è divenuto popolare anche in giardinaggio, diventando un elemento decorativo in molti giardini e parchi pubblici in tutto il mondo.

Nel corso dei secoli, il gelsomino si è diffuso da Oriente a Occidente, grazie all'opera di esploratori, commercianti e botanici. La coltivazione della pianta si è espansa enormemente, facendo sì che oggi esistano innumerevoli varietà di gelsomino, ciascuna con caratteristiche specifiche e un profumo distintivo.

Capitolo 1 - Gelsomino e Gelsomino invernale

Varietà di Gelsomino

Il gelsomino presenta molte varietà, ognuna con peculiarità uniche. Tra le più conosciute troviamo:

- **Jasminum officinale**: Comunemente noto come gelsomino comune, è una varietà rampicante con fiori bianchi estremamente profumati. Si adatta facilmente a diverse condizioni climatiche ed è molto utilizzato nei giardini.

- **Jasminum grandiflorum**: Questa varietà è nota per i suoi fiori grandi e bianchi, originari dell'Asia meridionale. È spesso utilizzata per l'estrazione di essenze per profumeria e aromaterapia.

- **Jasminum sambac**: Conosciuto come gelsomino arabo, ha un profumo particolarmente intenso. È una pianta sempreverde e cresce bene sia in terra che in vaso, rendendolo un'opzione ideale per la coltivazione in giardino.

- **Jasminum nudiflorum**: Questa è la varietà invernale del gelsomino, che fiorisce in inverno con fiori gialli, differente dalle altre varietà che fioriscono nella stagione calda. È una pianta rustica e resistente al freddo.

Caratteristiche Botaniche

Il gelsomino è una pianta rampicante perenne, che può crescere in modo strisciante o arrampicarsi su sostegni. Ha foglie opposte, variabili da semplici a composte, e fiori che possono presentarsi sia singolarmente che in grappoli.

Le sue infiorescenze sono composte da petali sottili e delicati, che emettono un profumo intenso e avvolgente. Le foglie sono di un verde brillante e lucido, creando un bel contrasto con i fiori.

Le piante di gelsomino preferiscono un ambiente luminoso e soleggiato, anche se alcune varietà possono sopportare ombra parziale. Sono generalmente resistenti e si adattano a diversi tipi di suolo, purché ben drenato.

Gelsomino e Gelsomino Invernale

Differenze tra le varietà

La varietà di gelsomino invernale, Jasminum nudiflorum, si distingue nettamente da altre varietà per le sue caratteristiche uniche.

Fioritura

Una delle principali differenze tra il gelsomino invernale e le altre varietà è il momento della fioritura. Mentre il gelsomino comune e altre varietà fioriscono in primavera o estate, il gelsomino invernale inizia a fiorire in pieno inverno, da gennaio a marzo. I suoi fiori sono di colore giallo e si presentano in infiorescenze singole o in grappoli. Questo è un aspetto distintivo che lo rende molto apprezzato nei giardini, in quanto porta colore e vita quando la maggior parte delle piante è spoglia.

Resistenza al freddo

Il gelsomino invernale è noto per la sua notevole resistenza al freddo. Mentre altre varietà di gelsomino possono soffrire danni da gelo, il Jasminum nudiflorum è capace di tollerare temperature più basse, rendendolo ideale per climi più rigidi. Questa resistenza gli permette di prosperare in zone dove altre varietà non riuscirebbero a sopravvivere.

Aspetto Fisico

Esteticamente, il gelsomino invernale presenta una crescita più cespugliosa rispetto ad altre varietà rampicanti. Le sue foglie sono ovali e di un verde intenso, ma ciò che lo rende davvero unico sono i fiori gialli, che contrastano splendidamente con il paesaggio invernale. Le altre varietà hanno fiori bianchi o gialli, ma solo il gelsomino invernale riesce a fiorire in questo periodo dell'anno, offrendo un punto di interesse e un'accattivante espressione di colore.

Aroma

Un'altra differenza significativa è l'aroma. Sebbene quasi tutte le varietà di gelsomino siano rinomate per il loro profumo inebriante, il gelsomino invernale presenta una fragranza più leggera e meno intensa rispetto al gelsomino comune o al gelsomino grandiflorum. Questo lo rende un'ottima scelta per i giardini invernali, dove il profumo delicato non sovrasta le altre fragranze.

Esigenze Colturali

Le esigenze colturali del gelsomino invernale differiscono anche da quelle delle varietà estive. Pur essendo una pianta robusta, per una crescita ottimale ha bisogno di essere piantata in luoghi soleggiati o parzialmente ombreggiati, e richiede un terreno ben drenato. Tuttavia, a differenza delle varietà più delicate, il gelsomino invernale può tollerare anche terreni leggermente più umidi.

Inoltre, mentre gran parte del gelsomino necessita di potatura per mantenere una forma ordinata e stimolare la fioritura, il gelsomino invernale richiede una potatura più moderata. Generalmente, una potatura leggera dopo la fioritura è consigliata per mantenere la pianta in salute, senza stravolgere la sua forma naturale.

Uso in Giardinaggio

Il gelsomino invernale è una scelta eccellente per giardini ornamentali, specialmente in paesaggi dove la bellezza è prevalente anche durante i mesi più freddi. Viene spesso utilizzato per ricoprire muri, graticci e recinzioni, creando un bel contrasto con materiali più rigidi come pietra e legno. La sua resistenza lo rende ideale anche per bordure miste o giardini di inverno, dove può prosperare e fiorire in armonia con piante perenni e arbusti sempreverdi.

Il profumo delicato dei suoi fiori, abbinato alla bellezza del fogliame verde, arricchisce l'atmosfera di qualsiasi giardino, rendendolo un'opzione popolare per i giardinieri di tutto il mondo.

Conclusione

Il gelsomino e il gelsomino invernale rappresentano l'incanto della natura e la sua capacità di sorprendere con la bellezza e la fragranza delle sue fioriture. Mentre il gelsomino comune incanta con le sue esplosioni di profumo in primavera e estate, il gelsomino invernale offre un tocco di colore e vitalità nei mesi più freddi. Conoscere e comprendere le differenze tra queste varietà consente ai giardinieri di creare paesaggi ricchi di bellezza e diversità, rendendo il gelsomino, in tutte le sue forme, un elemento prezioso per ogni giardino.

Capitolo 2: Condizioni di Coltivazione del Gelsomino

Il gelsomino (Jasminum spp.) è una pianta di grande bellezza e profumo, molto apprezzata in giardini e cortili. La coltivazione di questa pianta, però, richiede attenzione a vari fattori ambientali, primo fra tutti la scelta del luogo e del terreno in cui piantarlo, seguiti da un'adeguata esposizione al sole e dalle giuste temperature. In questo capitolo, esploreremo in dettaglio questi aspetti fondamentali per garantire una crescita rigogliosa e una fioritura abbondante.

2.1 Scelta del Luogo e del Terreno

2.1.1 Tipologia di Terreno

La scelta del terreno è uno degli elementi chiave per la coltivazione del gelsomino. Questa pianta preferisce terreni ben drenati, ricchi di sostanze organiche. L'ideale sarebbe un terreno leggermente acido o neutro, con un pH compreso tra 6 e 7. La presenza di argilla può essere utile per trattenere l'umidità, ma è importante che il terreno non si compatti eccessivamente, poiché ciò potrebbe portare a un ristagno d'acqua, dannoso per le radici.

Un buon accorgimento è quello di arricchire il terreno con compost o letame ben maturo prima della piantumazione. Questo non solo migliora la fertilità del suolo, ma favorisce anche un buon sviluppo delle radici. Inoltre, un terreno ricco di sostanza organica tende a mantenere l'umidità necessaria senza diventare eccessivamente bagnato, creando un ambiente ideale per la crescita della pianta.

2.1.2 Drenaggio

Il drenaggio è essenziale per la coltivazione del gelsomino. Se l'acqua piovana o quella di irrigazione non defluisce correttamente, si corre il rischio di marciume radicale, che può risultare fatale per la pianta. In caso di terreni particolarmente argillosi, è possibile migliorare il drenaggio mescolando sabbia o ghiaia al substrato. Una buona soluzione è anche quella di elevare le aiuole, creando letti rialzati che garantiscano un migliore deflusso dell'acqua.

2.1.3 Posizione

La posizione in cui si decide di piantare il gelsomino è altrettanto cruciale. Questa pianta prospera in ambienti protetti e riparati, lontani da venti forti e correnti d'aria. È consigliabile piantarla vicino a muri, recinzioni o altre strutture che possano offrire una certa protezione e calore. Un'ottima scelta sarebbe quella di posizionarla a sud o a sud-est, dove può beneficiare del calore del sole del mattino, fondamentale per favorire la fioritura.

2.2 Esposizione al Sole e Temperatura

2.2.1 Esposizione al Sole

Il gelsomino è una pianta amante del sole, e per ottenere una fioritura abbondante è fondamentale garantirgli una buona esposizione solare. Idealmente, dovrebbe ricevere almeno 6-8 ore di luce solare diretta al giorno. Se viene piantato in una posizione ombreggiata per gran parte della giornata, la pianta potrebbe non fiorire o farlo in maniera molto limitata.

In alcune varietà di gelsomino, l'esposizione parziale al sole può comunque essere tollerata, purché sia accompagnata da sufficienti ore di luce indiretta. Tuttavia, è importante evitare di piantare il gelsomino in zone eccessivamente ombreggiate, come sotto grandi alberi, poiché ciò potrebbe portare a una crescita stentata e a una produzione di fiori scarsa.

2.2.2 Temperature Ottimali

Il gelsomino è una pianta che ama il calore, e prospera a temperature comprese tra 15 e 25 gradi Celsius. Soprattutto durante il periodo della fioritura, una temperatura superiore ai 20 gradi aiuta a stimolare la produzione di fiori e il loro profumo caratteristico. Durante l'estate, è bene garantire che la pianta non venga esposta a temperature estreme o a forti sbalzi termici, che la potrebbero stressare.

È utile considerare anche le temperature notturne: il gelsomino tollera bene le notti fresche, ma temperature al di sotto dei 10 gradi Celsius possono essere dannose. In climi più freddi, è consigliabile coltivare il gelsomino in vaso, in modo da poterlo riparare in ambienti protetti o rinvasarlo in una serra durante i mesi invernali.

2.2.3 Inverno e Protezione dal Freddo

Durante i mesi invernali, alcune varietà di gelsomino possono essere particolarmente vulnerabili al freddo. È allora fondamentale adottare misure protettive, come pacciamare il terreno con foglie secche o paglia per mantenere l'umidità e isolare le radici. Se la pianta è in vaso, può essere rinforzata con materiale isolante e spostata in un luogo riparato.

In zone con inverni molto rigidi, potrebbe essere necessario coprire la pianta con teli specifici per proteggere il fogliame e le radici dal gelo. Alcuni giardinieri preferiscono trasferire i gelsomini in serra, dove possono continuare a crescere senza subire danni dalle temperature esterne.

La coltivazione del gelsomino richiede una combinazione di fattori favorevoli, dalla scelta del terreno alla giusta esposizione al sole, fino alla garanzia di temperature adeguate. Investire tempo e attenzione nella preparazione del luogo di coltivazione è fondamentale per offrire alla pianta le condizioni ideali per crescere e fiorire abbondantemente. Con le giuste attenzioni, il gelsomino non solo abbellirà il nostro spazio verde ma riempirà anche l'aria di fragranze dolci e avvolgenti. Il soddisfacente risultato finale, con fiori luminosi e profumati, ripaga senza dubbio ogni sforzo.

3.Capitolo 3 - Tecniche di semina e trapianto del Gelsomino

Il gelsomino è una pianta molto amata per il suo profumo intenso e i suoi fiori delicati. Per ottenere una crescita sana e rigogliosa, è fondamentale seguire correttamente le tecniche di semina e trapianto. In questo capitolo esamineremo i passi necessari per preparare il terriccio, il metodo di semina e le pratiche di trapianto e cura delle piantine.

1. Preparazione del terriccio

La preparazione del terriccio è una fase cruciale per garantire che le piante di gelsomino crescano in un ambiente favorevole. Ecco alcuni passaggi chiave:

- **Scelta del substrato**: Il gelsomino cresce bene in un substrato ben drenato, ricco di sostanza organica. Puoi preparare un mix composto da terriccio universale, sabbia e compost in parti uguali.

- **pH del terriccio**: Il pH ideale per il gelsomino è leggermente acido, compreso tra 6 e 7. È consigliabile effettuare un test del pH e, se necessario, aggiungere dolomite per aumentarlo o zolfo per abbassarlo.

- **Drenaggio**: Assicurati che il terriccio abbia una buona capacità di drenaggio. Eventualmente, inserisci dei sassolini o perlite sul fondo dei vasi o nei receptacoli per facilitare il deflusso dell'acqua in eccesso.

- **Sterilizzazione**: Per prevenire malattie e parassiti, può essere utile sterilizzare il terriccio. Ciò può essere fatto riscaldando il substrato in forno a 80-90°C per circa 30 minuti.

2. Metodo di semina

La semina del gelsomino può essere effettuata sia in semenzaio che direttamente a dimora. Ecco come procedere:

- **Sementi**: Acquista semi freschi di gelsomino, preferibilmente di varietà adatte al tuo clima. I semi di gelsomino possono beneficiare di un trattamento di scarificazione (leggera abrasione) per facilitare la germinazione.

- **Semina in semenzaio**: Riempi dei vasi o un vassoio per semina con il terriccio preparato e distribuisci i semi sulla superficie. Coprili con uno strato sottile di terriccio e innaffia delicatamente. Mantieni il substrato umido ma non inzuppato.

- **Condizioni ambientali**: Posiziona il semenzaio in un luogo caldo e luminoso, ma evita la luce solare diretta. La temperatura ideale per la germinazione è di circa 20-25°C.

- **Germinazione**: I semi di gelsomino generalmente germinano entro 2-4 settimane. Assicurati di controllare la umidità del terriccio quotidianamente e, se necessario, vaporizza l'area per mantenere l'umidità.

3. Trapianto e cura delle piantine

Dopo che le piantine hanno raggiunto un'altezza adeguata, circa 10-15 cm, è il momento di procedere con il trapianto:

- **Selezione del trapianto**: Quando le piantine hanno sviluppato almeno due serie di foglie vere, sono pronte per essere trasferite in vasi più grandi o nel giardino.

- **Preparazione dei vasi/barriera**: Scegli dei vasi di circa 15 cm di diametro per il trapianto. Riempi i vasi con il terriccio preparato e innaffia bene prima di effettuare il trapianto.

- **Trapianto**: Estrai le piantine dal semenzaio con attenzione, cercando di mantenere il pane di terra intatto per evitare stress alle radici. Pianta ogni piantina nel vaso preparato e copri con terriccio, premendo leggermente per evitare sacche d'aria.

- **Cura post-trapianto**: Dopo il trapianto, innaffia generosamente e colloca le piantine in un luogo luminoso ma ombreggiato per alcuni giorni, per permettere loro di acclimatarsi. Dopo una settimana, puoi esporle gradualmente alla luce diretta.

- **Manutenzione**: Mantieni il terriccio umido senza inzupparlo e fertilizza ogni 4-6 settimane con un fertilizzante bilanciato. Presta attenzione a segnali di malattie o parassiti e intervieni tempestivamente se necessario.

Seguendo queste tecniche di semina e trapianto, potrai goderti la bellezza e il profumo dei gelsomini nel tuo giardino o sul tuo balcone!

Capitolo 4: Manutenzione delle piante di Gelsomino

In questo capitolo, esploreremo vari aspetti della manutenzione del gelsomino, focalizzandoci su annaffiatura e umidità, potatura e gestione della crescita, fertilizzazione e nutrienti, oltre a malattie e parassiti comuni. La corretta manutenzione non solo garantisce una pianta sana, ma aiuta anche a massimizzare la produzione del suo profumo inebriante.

Annaffiatura e umidità

1.1 Annaffiatura

L'annaffiatura è uno degli aspetti più critici nella cura del gelsomino. Queste piante preferiscono un'umidità moderata e un terreno ben drenato. Ecco alcune linee guida per un'annaffiatura efficace:

- **Frequenza**: Durante i mesi più caldi, è

consigliabile annaffiare la pianta ogni 2-3 giorni. Nei mesi più freschi o durante la stagione invernale, la frequenza può essere ridotta a una volta alla settimana, poiché il gelsomino entra in una fase di dormienza e la richiesta di acqua diminuisce.

- **Quantità**: È meglio annaffiare abbondantemente, permettendo all'acqua di penetrare nel terreno fino a una profondità di circa 15 cm. Dovrebbe esserci un buon deflusso per evitare il ristagno, che può portare a marciume radicale.

- **Tipo di acqua**: L'acqua piovana è ideale per il gelsomino, poiché è più pura e priva di sostanze chimiche presenti nell'acqua potabile. In caso di utilizzo di acqua potabile, è preferibile usare acqua a temperatura ambiente, evitando l'acqua fredda che potrebbe stressare la pianta.

1.2 Umidità

L'umidità è un altro fattore cruciale,

soprattutto se il gelsomino è coltivato in ambienti interni o in climi aridi. Ecco alcune raccomandazioni:

- **Umidità ideale**: Il gelsomino prospera in umidità relativa compresa tra il 60% e l'80%. Se l'ambiente in cui è situato il gelsomino è troppo secco, è possibile aumentare l'umidità intorno alla pianta spruzzando le foglie con acqua o utilizzando un umidificatore.

- **Situazione della pianta**: Posizionare il gelsomino in una stanza ben ventilata, lontano da fonti di calore come termosifoni e condizionatori, aiuta a mantenere un microclima favorevole.

Potatura e gestione della crescita

La potatura del gelsomino non è solo una questione estetica, ma è anche essenziale per la salute della pianta e per incoraggiare una crescita vigorosa e fioritura abbondante.

2.1 Quando potare

La potatura dovrebbe essere effettuata in modo mirato:

- **Potatura di fine inverno**: Prima della ripresa della vegetazione, è consigliabile eseguire una potatura leggera per rimuovere i rami secchi, malati o danneggiati. Questo aiuta a stimolare la nuova crescita.

- **Potatura estiva**: Durante l'estate, dopo la fioritura, è utile potare i rami che hanno prodotto fiori per incoraggiare una nuova emissione di boccioli.

2.2 Come potare

Ecco alcune tecniche di potatura efficaci:

- **Attrezzi da potatura**: Utilizzare forbici

affilate e sterilizzate per evitare la trasmissione di malattie. Le forbici del giardiniere possono andare bene per rami più spessi, mentre le forbici di precisione possono esser usate per dettagli più fini.

- **Tagli corretti**: Effettuare tagli netti e inclinati, a circa 0,5 cm sopra un nodo o una gemma. Questo facilita la cicatrizzazione e incoraggia una nuova crescita.

2.3 Gestione della crescita

Oltre alla potatura, la gestione della crescita del gelsomino implica la guida della pianta per farla sviluppare nella forma desiderata:

- **Supporto**: Se il gelsomino è una varietà rampicante, è importante fornire un supporto come graticci o bastoni. Legare delicatamente i rami al supporto con del filo di giardino può aiutare la pianta a crescere in modo ordinato.

- **Controllo della crescita**: Si possono

anche utilizzare tecniche di pinzamento, che consistono nel pizzicare le punte dei nuovi germogli per incoraggiare la ramificazione e una forma più folta.

Fertilizzazione e nutrienti

3.1 Tipi di fertilizzanti

Nutrire correttamente il gelsomino è fondamentale per la salute della pianta. Esistono vari tipi di fertilizzanti da utilizzare:

- **Fertilizzanti liquidi**: Questi possono essere utilizzati durante la stagione di crescita, diluiti in acqua secondo le istruzioni del produttore. Sono rapidamente assorbiti dalle radici e possono fornire un nutrienti immediati.

- **Fertilizzanti granulari**: Questi prodotti possono essere applicati una o due volte all'anno. Scegliere un fertilizzante bilanciato, con un rapporto NPK (azoto, fosforo, potassio) di 10-10-10 o simile. L'azoto favorisce la crescita vegetativa, mentre il fosforo e il potassio sostengono la fioritura.

3.2 Programma di fertilizzazione

Un programma di fertilizzazione ben pianificato è cruciale:

- **Primavera**: Iniziare ad applicare il fertilizzante all'inizio della primavera, in concomitanza con la ripresa vegetativa. Un'applicazione di fertilizzante liquido ogni 4-6 settimane può aiutare la pianta a stabilizzarsi.

- **Estate**: Continuare a fertilizzare regolarmente, poiché in questa fase il gelsomino è nella sua massima crescita e fioritura.

- **Autunno**: Ridurre le applicazioni di fertilizzante man mano che la pianta si prepara per l'inverno. Un ultimo intervento leggero a fine estate può essere utile.

- **Inverno**: Durante i mesi invernali non è necessario fertilizzare poiché la pianta è in dormienza.

3.3 Nutrienti essenziali

I nutrienti principali di cui il gelsomino ha bisogno includono:

- **Azoto (N)**: Fondamentale per la crescita delle foglie e dei rami. Aiuta a ottenere una chioma folta e sana.

- **Fosforo (P)**: Essenziale per la fioritura, promuove la formazione di gemme e fiori ricchi di aroma.

- **Potassio (K)**: Aiuta a rafforzare le pareti cellulari della pianta e migliora la resistenza agli stress ambientali, contribuendo alla salute generale.

Malattie e parassiti

Le piante di gelsomino sono relativamente resistenti, ma possono essere soggette a malattie e infestazioni di parassiti. Riconoscerne l'insorgenza e affrontarle tempestivamente è cruciale per mantenere la salute della pianta.

4.1 Identificazione delle malattie comuni

Alcune delle malattie più comuni che possono affliggere il gelsomino includono:

- **Marciume radicale**: Questa malattia è causata da funghi che prosperano in condizioni di eccesso di umidità e scarsa aerazione del suolo. I sintomi comprendono foglie ingiallite e crescita stentata.

- **Malattie fungine**: Malattie come l'oidio possono manifestarsi con macchie bianche polverose sulle foglie. Questo fungo prospera in condizioni umide e calde.

- **Batteriosi**: Alcune infezioni batteriche possono causare macchie brune o mucillaginose sulle foglie. È importante identificare precocemente queste infezioni per prevenire la diffusione.

4.2 Tecniche di prevenzione e trattamento

Per proteggere il gelsomino da malattie e parassiti, si possono considerare diverse tecniche:

- **Buone pratiche di irrigazione**: Evitare l'irrigazione eccessiva e garantire che il terreno dreni adeguatamente aiuta a prevenire il marciume radicale. Annaffiare al mattino presto o alla fine della giornata per ridurre l'umidità ambientale.

- **Uso di fungicidi**: Per combattere malattie fungine come l'oidio, possono essere utilizzati fungicidi specifici. È opportuno applicarli seguendo le indicazioni riportate sulla confezione e solo in caso di necessità.

- **Controllo della ventilazione**: Assicurarsi che la pianta abbia una buona circolazione d'aria. Piante troppo dense possono favorire l'umidità e la proliferazione di agenti patogeni.

- **Rimozione delle foglie infette**: Rimuovere tempestivamente foglie e rami affetti da malattie aiuta a ridurre la diffusione dei patogeni. Le parti infette devono essere smaltite e non compostate.

- **Trattamenti naturali**: Soluzioni come l'uso di spray a base di sapone insetticida o acqua e bicarbonato possono essere efficaci per prevenire o trattare infestazioni di parassiti e fungine.

4.3 Gestione dei parassiti

Tra i parassiti più comuni che possono affliggere il gelsomino ci sono:

- **Afidi**: Piccoli insetti che si nutrono della linfa delle piante. Possono causare ingiallimento e deformazione delle foglie. È possibile rimuoverli manualmente o utilizzare insetticidi a base di neem.

- **Cocciniglie**: Questi insetti si attaccano alle foglie e ai rami e producono una sostanza appiccicosa che attira muffe. Possono essere trattati con solventi a base di petrolio o soluzioni di sapone.

- **Tripidi**: Questi piccoli insetti possono creare danni significativi, alterando la colorazione delle foglie e dei fiori. È necessaria un'attenta vigilanza e trattamenti appropriati per il loro controllo.

Conclusione

La cura e la manutenzione del gelsomino

richiedono attenzione e dedizione. Con una corretta annaffiatura, potatura regolare, fertilizzazione appropriata, e l'adeguata attenzione alle malattie e ai parassiti, ci si può assicurare che la pianta non solo sopravviva, ma fiorisca, regalando fiori profumati e una bellezza unica. L'osservazione regolare e l'intervento tempestivo in caso di problemi contribuiranno a mantenere questa pianta ornamentale in condizioni ottimali per molti anni.

Capitolo 5: Raccolta e utilizzo delle fioriture del Gelsomino

Esploriamo in dettaglio i periodi di fioritura, gli utilizzi ornamentali e culinari di questa pianta, e forniremo anche consigli specifici per la cura del gelsomino invernale, inclusi suggerimenti su protezione e adattamenti climatici.

Periodi di fioritura

Il gelsomino (Jasminum) è un genere di piante che comprende numerose specie, ognuna con le proprie caratteristiche particolari, incluso il periodo di fioritura. In generale, i periodi di fioritura variano a seconda delle specie e dell'habitat in cui crescono. Le varietà più comuni di gelsomino, come il Gelsomino comune (Jasminum officinale), fioriscono in estate, generalmente da maggio a settembre. In alcune regioni, possono continuare a fiorire fino all'inizio dell'autunno, a seconda delle condizioni climatiche.

Un'altra specie nota è il Gelsomino stellato (Trachelospermum jasminoides), che presenta fiori simili e un profumo intenso. Questa varietà è particolarmente amata per la sua resistenza e frequentemente fiorisce durante l'estate. Tuttavia, è possibile che queste piante producano fiori sporadicamente durante la primavera, a seconda delle condizioni meteorologiche locali.

Le fioriture di gelsomino avvengono in modo profuso quando le condizioni climatiche sono favorevoli: temperature calde, sufficiente umidità e luce solare diretta. Durante questi periodi, i fiori di gelsomino si sviluppano in grappoli, creando uno spettacolo visivo e olfattivo che attrae non solo gli esseri umani, ma anche gli insetti impollinatori come le api e le farfalle.

Utilizzi ornamentali e in cucina

Il gelsomino è molto popolare in giardinaggio e paesaggistica grazie alla bellezza dei suoi fiori e al profumo avvolgente che sprigiona. In giardino, le piante di gelsomino possono essere utilizzate sia come piante rampicanti sia come siepi. Se supportati da graticci, pergolati o cancelli, i gelsomini possono creare ombreggiature profumate che abbelliscono sia gli spazi esterni che quelli interni.

Inoltre, il gelsomino è spesso utilizzato per adornare terrazzi e balconi, dove il suo profumo può essere apprezzato in modo particolare durante le serate estive. Le piante di gelsomino possono anche essere coltivate in vasi, rendendo possibile la loro utilizzazione della piante profumate per decorare anche gli spazi ristretti.

A livello culinario, i fiori di gelsomino sono utilizzati in molte culture. In India, ad esempio, i fiori freschi di gelsomino sono utilizzati per aromatizzare alcune preparazioni dolci e bevande. I fiori possono essere aggiunti a infusi o tisane, creando bevande dal profumo e dal sapore delicati. In alcuni casi, i fiori essiccati possono essere utilizzati in miscele di tè per conferirne un aroma unico.

Inoltre, l'olio essenziale di gelsomino, estratto dai fiori, è molto apprezzato in profumeria e aromaterapia. È noto per le sue proprietà rilassanti e stimolanti dell'umore, ed è spesso utilizzato in prodotti cosmetici e profumi per il suo aroma dolce e floreale. Il gelsomino è anche molto ricercato nell'industria della profumeria per la creazione di fragranze sofisticate e avvolgenti.

Gelsomino invernale: consigli specifici

Il gelsomino invernale (Jasminum nudiflorum) è una varietà di gelsomino che fiorisce in inverno, normalmente tra gennaio e marzo. Questo gelsomino ha caratteristiche specifiche che lo rendono particolarmente interessante, poiché offre fiori profumati anche durante i mesi più freddi. Per garantire che la pianta fiorisca e cresca in modo sano anche durante l'inverno, è importante seguire alcuni consigli di cura.

Protezione durante l'inverno

Il gelsomino invernale è più resistente al freddo rispetto ad altre varietà di gelsomino, ma è comunque importante proteggerlo da temperature e condizioni meteorologiche estreme. Quando le previsioni annunciano freddo intenso o gelate, possono essere utili alcune misure di protezione. Una buona pratica consiste nel coprire la pianta con teli di fibra di juta o tessuto non tessuto che possano proteggere i rami dagli sbalzi di temperatura. Inoltre, è consigliabile pacciamare il terreno attorno alla base della pianta con uno strato di foglie secche o paglia, per mantenere la temperatura del suolo più stabile e ridurre il rischio di congelamento delle radici.

Se il gelsomino è coltivato in vaso, è bene spostarlo in una posizione riparata durante i periodi più freddi, come in un garage o in una serra. In caso di gelate, è preferibile portare i vasi verso il lato sud della casa, dove possono beneficiare del calore del sole. È anche importante annaffiare la pianta con moderazione durante l'inverno, poiché un'eccessiva umidità nel terreno può portare a marciumi radicali.

Adattamenti climatici

Il gelsomino invernale è una pianta adattabile e può prosperare in diverse condizioni climatiche, ma è fondamentale selezionare la varietà giusta in base alla propria zona di coltivazione. In generale, i gelsomini preferiscono climi temperati con inverni non troppo rigidi. Tuttavia, grazie alla loro adattabilità, possono anche tollerare condizioni climatiche più estreme se ben curati.

Quando si pianta il gelsomino, è consigliabile farlo in un luogo dove possa beneficiare di una buona esposizione al sole, anche se alcune varietà possono tollerare zone ombreggiate. Assicurarsi che il terreno sia ben drenato è altrettanto importante, poiché il gelsomino non ama i suoli eccessivamente umidi. La scelta del suolo giusto e l'installazione di adeguati sistemi di drenaggio sono essenziali per una crescita sana della pianta.

Inoltre, è importante monitorare le condizioni meteorologiche e apportare eventuali modifiche alla cura della pianta in base ai cambiamenti climatici. L'osservazione attenta delle temperature e dell'umidità può aiutare a prendere decisioni informate riguardo annaffiature, potature e protezioni da freddo e gelo. In questo modo, sarà possibile godere della bellezza e del profumo dei fiori di gelsomino non solo in estate, ma anche in inverno, arricchendo il giardino di colori e fragranze.

Raccogliere e utilizzare le fioriture di gelsomino non è solo un atto di bellezza, ma anche un modo per connettersi con la natura e arricchire la nostra vita quotidiana. Dalla creazione di giardini incantevoli all'utilizzo di fiori in cucina e nella bellezza personale, il gelsomino offre una vasta gamma di benefici e piaceri. Con una cura attenta, anche i gelsomini invernali possono fiorire, portando profumo e colore nei mesi più freddi dell'anno. Conoscere i periodi di fioritura, gli utilizzi decorativi e culinari, nonché i consigli per la protezione invernale, permette di valorizzare al massimo questa pianta straordinaria, rendendo ogni giardino un angolo di paradiso.

Glossario

1. **Origine e Diffusione**

Il gelsomino (Jasminum) è un genere di piante appartenente alla famiglia delle Oleaceae, che include oltre 200 specie. Questa pianta è originaria delle regioni tropicali e subtropicali dell'Asia, dell'Africa e del Mediterraneo. È conosciuta e apprezzata fin dall'antichità per il suo profumo avvolgente e i fiori delicati. In Europa, il gelsomino venne introdotto intorno al XVI secolo, e da allora è diventato parte integrante di giardini e paesaggi ornamentali.

2. **Etimologia**

Il nome "gelsomino" deriva dall'arabo "yasamin", a sua volta di origine persiana. L'associazione con la fragranza ha radici profonde nelle culture orientali, dove il gelsomino simboleggia purezza e amore.

3. **Descrizione Botanica**

- **Foglie**: Il gelsomino presenta foglie che

variano in forma e dimensioni, ma sono generalmente semplici o composte e disposte in modo opposto sui rami.

- **Fiori**: I fiori sono la caratteristica distintiva. Possono essere bianchi, gialli o, meno frequentemente, rosa. I petali hanno una struttura a stella e rilasciano un profumo inconfondibile, soprattutto nelle ore serali.

- **Steli**: I rami del gelsomino sono spesso sottili e flessibili, rendendolo ideale per l'uso come pianta rampicante o arbusto decorativo.

- **Frutti**: Alcune specie producono bacche, anche se questo è meno comune nelle varietà coltivate per scopi ornamentali.

4. **Specie Principali**

- **Jasminum officinale** (gelsomino comune): Il più diffuso nei giardini, ha fiori bianchi dal profumo intenso.

- **Jasminum sambac**: Conosciuto come "gelsomino d'Arabia", i suoi fiori sono spesso usati per il tè e hanno un aroma particolarmente dolce.

- **Jasminum grandiflorum**: Noto anche come "gelsomino spagnolo", ha fiori grandi e bianchi.

- **Jasminum nudiflorum**: Comunemente chiamato "gelsomino d'inverno", fiorisce in inverno con fiori gialli non profumati.

5. **Proprietà Aromatiche**

Il profumo del gelsomino è complesso e multifaccettato, con note floreali, dolci e leggermente fruttate. Questa caratteristica lo rende un ingrediente di punta in profumeria. Gli oli essenziali vengono estratti dai fiori attraverso un processo di enfleurage o distillazione. L'aroma del gelsomino è associato a proprietà calmanti e afrodisiache, utili per alleviare lo stress e migliorare l'umore.

6. **Proprietà Medicinali e Uso Terapeutico**

Il gelsomino è anche riconosciuto per i suoi benefici terapeutici:

- **Calmante e Antidepressivo**: L'olio essenziale di gelsomino è noto per le sue proprietà rilassanti, contribuendo a ridurre ansia e depressione.

- **Antisettico e Antinfiammatorio**: Le infusi e le tinture possono essere utilizzati per trattare lievi infezioni e infiammazioni.

- **Aromaterapia**: L'inalazione del profumo può stimolare il sistema nervoso centrale, migliorando la concentrazione e la vigilanza.

7. **Coltivazione**

- **Clima e Terreno**: Il gelsomino predilige climi caldi e soleggiati, con una buona resistenza alle temperature moderate. Richiede un terreno ben drenato, preferibilmente ricco di sostanza organica.

- **Irrigazione**: Va annaffiato regolarmente, evitando ristagni d'acqua per prevenire marciumi radicali.

- **Potatura**: È essenziale per mantenere la pianta in forma e stimolare una fioritura abbondante. Il periodo migliore per la potatura è subito dopo la fioritura.

- **Concimazione**: L'aggiunta di un concime organico o bilanciato aiuta a sostenere una crescita sana e una fioritura intensa.

8. **Riproduzione**

Il gelsomino si propaga facilmente attraverso talea. Le talee devono essere prelevate durante la primavera o l'inizio dell'estate, assicurandosi che abbiano almeno due nodi. Possono essere piantate in un substrato di sabbia e torba per favorire l'attecchimento. Alcune varietà possono essere propagate per stratificazione, soprattutto quelle rampicanti.

9. **Utilizzo in Giardino**

Il gelsomino è una pianta versatile, spesso usata per:

- **Coperture di muri e pergolati**: Le varietà rampicanti sono perfette per ricoprire strutture e creare zone d'ombra profumate.

- **Piante da vaso**: Alcune specie, come il Jasminum sambac, si adattano bene alla coltivazione in vaso, decorando balconi e terrazzi.

- **Siepi e bordure**: Il gelsomino può essere usato anche per creare siepi basse e bordure, combinato con altre piante aromatiche o ornamentali.

10. **Problemi Comuni e Parassiti**

Le malattie più comuni che possono colpire il gelsomino includono:

- **Afidi**: Piccoli insetti che si nutrono della linfa e possono indebolire la pianta.

- **Cocciniglia**: Provoca la formazione di macchie biancastre e appiccicose sulle foglie e sui fusti.

- **Marciume radicale**: Causato da un eccesso d'acqua e drenaggio insufficiente.

Per combattere questi problemi, si possono utilizzare trattamenti naturali come l'olio di neem o, nei casi più gravi, pesticidi specifici.

11. **Curiosità Culturali**

- **Simbolismo**: Il gelsomino è associato alla purezza, alla bellezza e all'amore eterno. In molti paesi asiatici, come l'India e l'Indonesia, è parte di riti religiosi e matrimoni.

- **Tradizioni**: In alcune culture, i fiori di gelsomino vengono intrecciati in collane o corone per ornare statue e altari sacri.

- **Letteratura e Arte**: Il gelsomino è spesso celebrato in poesie e canzoni per il suo profumo e il suo significato simbolico di amore e desiderio.

12. **Varietà Ornamentali e Ibridi**

Oltre alle specie botaniche, esistono diverse varietà ibride sviluppate per ottenere caratteristiche particolari, come una fioritura più lunga o una maggiore resistenza alle malattie. Tra gli ibridi più noti troviamo:

- **Jasminum x stephanense**: Ibrido con fiori rosati, ideale per climi temperati.

- **Jasminum x floridum**: Con fiori gialli brillanti e una buona capacità di adattamento.

13. **Usi Culinari e Beverecci**

Il gelsomino trova applicazione anche in ambito culinario, seppur in maniera limitata:

- **Tè al gelsomino**: Popolare soprattutto in Cina, dove i fiori vengono miscelati con foglie di tè verde per infondere un aroma delicato e floreale.

- **Sciroppo e Dolci**: In alcune cucine, l'essenza del gelsomino è usata per aromatizzare sciroppi e dolci, aggiungendo un tocco esotico.

14. **Uso in Profumeria**

La profumeria di alta gamma utilizza l'olio essenziale di gelsomino come nota di cuore per la sua capacità di legarsi con altre essenze floreali e fruttate. Tra le fragranze più celebri che lo includono ci sono profumi iconici come Chanel No. 5.

15. **Conservazione e Raccolta dei Fiori**

La raccolta dei fiori di gelsomino deve essere fatta nelle prime ore del mattino o al tramonto, quando l'intensità dell'olio essenziale è al massimo. Per conservare il profumo, i fiori possono essere utilizzati freschi o trasformati in oli ed estratti da impiegare successivamente.

Indice

Glossario pg.47